BEI GRIN MACHT SICH IHR WISSEN BEZAHLT

- Wir veröffentlichen Ihre Hausarbeit, Bachelor- und Masterarbeit

- Ihr eigenes eBook und Buch - weltweit in allen wichtigen Shops

- Verdienen Sie an jedem Verkauf

Jetzt bei www.GRIN.com hochladen und kostenlos publizieren

Eva Kirsch

Unterrichtsstunde: Stecknadeldiagramme als Klimadarstellung eines Ortes

Umweltkunde, Klasse 6

GRIN Verlag

Bibliografische Information der Deutschen Nationalbibliothek:

Die Deutsche Bibliothek verzeichnet diese Publikation in der Deutschen National-
bibliografie; detaillierte bibliografische Daten sind im Internet über http://dnb.d-
nb.de/ abrufbar.

Impressum:

Copyright © 2008 GRIN Verlag GmbH
Druck und Bindung: Books on Demand GmbH, Norderstedt Germany
ISBN: 978-3-640-45307-8

Dieses Buch bei GRIN:

http://www.grin.com/de/e-book/134677/unterrichtsstunde-stecknadeldiagramme-
als-klimadarstellung-eines-ortes

Unterrichtsvorbereitungen

im Fach

Welt – Umweltkunde

Thema der Unterrichtseinheit:

Die Geografie Europas

Thema der Unterrichtsstunde:

Stecknadeldiagramme als Klimadarstellung eines Ortes

Referendarin:	Eva Kirsch
Schule:	XXX
Klasse:	6
Mentorin:	XXX
Fachleiterin:	XXX
Datum:	15. Februar 2008

Inhaltsverzeichnis

1.   Bedingungsanalyse

1.1. Schulisches Umfeld

Der Stadtteil XXX ist geprägt von großen Wohnblocks des sozialen Wohnungsbaus. Hier leben viele Menschen mit Migrationshintergrund und sozial benachteiligte Familien. Der Anteil an Menschen mit Migrationshintergrund im Stadtteil lag 2005 bei 16,5%. Die Arbeitslosenquote betrug zu diesem Zeitpunkt 23,9%.

Trotz der mehrgeschossigen Bebauung gibt es viel Grünflächen und Möglichkeiten der Freizeitgestaltung, zum Beispiel am See und im Sportverein XXX. Das soziale Zentrum des Stadtteils ist das Bürgerhaus zusammen mit dem einem Einkaufszentrum, in dem unter anderem die Stadtbibliothek mit einer Teilfiliale niedergelassen ist.

1.2. Schulbeschreibung

Die Schule XXX eine Integrierte Gesamtschule. Die Schule hat ca. 530 Schülerinnen und Schüler, davon kommen 70% aus Familien mit Migrationshintergrund.

Pro Jahrgang stehen 80 Anmeldeplätze zur Verfügung. Die Jahrgangsstufen sind vierzügig.
Die Klassenverbände werden nicht in Schularten aufgeteilt, sondern bleiben von der 5. bis zur 10. Klasse zusammen. In der 5. und 6. Klasse werden alle Schülerinnen und Schüler integrativ unterrichtet. Ab dem 7. Schuljahr beginnt schrittweise eine Leistungsdifferenzierung in einzelnen Fächern auf zwei Niveaustufen (Grundkurs und Erweiterungskurs). Die 10. Klasse schließen die Schülerinnen und Schüler entweder mit einen Haupt- oder Realschulabschluss oder der Berechtigung für den Übergang zur gymnasialen Oberstufe ab. Die Kernunterrichtszeit findet von 8.00 bis 14.30 Uhr statt, zwei Mal wöchentlich endet der Unterricht um 16 Uhr.

Die Schule XXX versteht sich als „Stadtteilschule". Dies bedeutet, dass sich hier ausschließlich Kinder aus den drei zum Stadtteil gehörenden Grundschulen bewerben können. Daher besteht in der Schule eine große Identifikation mit dem Stadtteil. So kooperiert die Schule zum Beispiel mit Institutionen und Personen aus dem Stadtteil, beteiligt sich an Stadtteilfesten und erstellt regelmäßig eine Schul-Stadtteil-Zeitung. Im Unterricht werden unter Anderem stadtteilbezogene Inhalte bearbeitet.

1.3. Lerngruppenbeschreibung

Seit September 2007 hospitiere ich in der Klasse 6a im Fach Welt- Umweltkunde (WUK). Dieses Fach wird in einem Umfang von 2 Wochenstunden unterrichtet.

Die Lerngruppe besteht aus 24 Schülerinnen und Schülern, darunter 11 Mädchen und 13 Jungen. 12 Schülerinnen und Schüler kommen aus Familien mit Migrationshintergrund.

Die Klasse ist sehr lebhaft, doch die Schülerinnen und Schüler arbeiten motiviert und ausdauernd mit, wenn die Arbeitsaufträge handlungsorientiert und klar nachvollziehbar sind.

Die Schülerinnen und Schüler können in verschieden Sozialformen wie Einzel-, Partner- und Gruppenarbeit arbeiten. Besonders im WUK- Unterricht kennen sie das Lernen an Stationen. Sie können selbständig Plakate zu bestimmten Themen entwickeln und haben bereits selbst Referate in Kleingruppen erstellt und vor der Klasse vorgetragen.

Das soziale Klima in der Klasse ist meines Erachtens gut, die Schülerinnen und Schüler halten besonders bei schulinternen Wettbewerben fest zusammen. In der Klasse bestehen Freundschaften und kleine Cliquen, die sich aber nicht strikt gegen andere abgrenzen. Auch der Umgang zwischen Mädchen und Jungen ist geprägt von gegenseitiger Akzeptanz.

2.   Didaktischer Rahmen der Unterrichtseinheit

2.1. Curriculare Einordnung des Themas

Der Bildungsplan für das Fach Welt-Umweltkunde für die Jahrgangsstufen 5 bis 10 der Gesamtschule definiert die Aufgaben und Ziele des WUK- Unterrichts für die 5. und 6. Jahrgangsstufe darin, dass die Schülerinnen und Schüler sich schwerpunktmäßig mit dem Leben der Menschen unter anderem in der eigenen Region und darüber hinaus auseinander setzten sollen. Dabei werde das Fach durch drei Dimensionen bestimmt: die historische, die geografische und die gesellschaftliche/ wirtschaftlich-politische Dimension (DER SENATOR FÜR BILDUNG 2006, S. 5).

Das Thema „Die Geografie Europas" ist dabei in die geografische Dimension einzuordnen, da die Schülerinnen und Schüler in der 5. Jahrgangsstufe bereits Deutschland als Region kennen gelernt haben und nun ihr Wissen von ihrem Staat auf den von ihnen bewohnten Kontinent übertragen können.

Der Bildungsplan sieht dazu für die 5. und 6. Jahrgangsstufe unter anderem den Themenbereich „Leben- Orientierungen: Schule, Wohnort, Region, Land, Kontinent, Erde" vor. Als Inhalte sollen innerhalb der geografischen Dimension dabei die Topografie der Kontinente und die naturräumliche Gliederung der Region und darüber hinaus thematisiert werden (DER SENATOR FÜR BILDUNG 2006, S. 8). In der vorliegenden Unterrichtseinheit wird daher sowohl auf die Lage der Staaten innerhalb des Kontinents Europa, als auch die territorialen Großräume und Klimazonen eingegangen.

Des Weiteren formuliert der Bildungsplan für das Fach WUK Kompetenzen, die die Schülerinnen und Schüler am Ende der Jahrgangsstufe 6, 8 und 10 erworben haben sollen. Dabei wird zwischen fachlichen und methodischen Kompetenzen unterschieden. Als fachliche Kompetenzen am Ende der 6. Jahrgangsstufe sollen die Schülerinnen und Schüler aus der geografischen Dimension unter Anderem

- einer Karte wesentliche Informationen entnehmen können,
- Himmelsrichtungen auf Karten bestimmen können,
- Wesentliche topografische Kenntnisse nutzen können.

Als methodische Kompetenzen werden unter Andrem das Entnehmen und Nutzen von Informationen aus unterschiedlichen Quellen und Medien unter Anleitung und das übersichtliche Darstellen und Dokumentieren der Arbeitsergebnisse in einem Ordner oder Heft gefordert (DER SENATOR FÜR BILDUNG 2006, S. 14).

.

2.2. Sachanalyse

Das Unterrichtsthema „Die Geographie Europas" teilt sich in folgende Bereiche ein:

- Staaten Europas und ihre Hauptstädte, Grenzen und Nachbarländer
- Landeskunde einzelner Staaten
- Territoriale Gliederung Europas (Großräume)
- Klimazonen Europas

In der Unterrichtseinheit ging es ausschließlich um das geografische Europa, also den Kontinent, nicht um politische Bündnisse wie zum Beispiel die Europäische Union. Daher zählen auch Staaten wie Russland und die Türkei zu Europa.

Die Abgrenzung des Kontinents Europa zu anderen Erdteilen, insbesondere zu Asien, ist umstritten. Im Gegensatz zu den meisten anderen Kontinenten grenzt sich Europa nicht eindeutig durch Ozeane von den Nachbarkontinenten ab. Nur nach Süden zu Afrika, nach Westen zu Amerika und nach Norden ist dies der Fall. Aus geografischer Sicht bildet die Landmasse von Europa und Asien den Doppelkontinent Eurasien, jedoch wird Europa häufig aufgrund seiner historischen und kulturellen Eigenständigkeit als eigener Erdteil betrachtet

(WIKIPEDIA). Allgemein gebräuchlich wird die Ostgrenze Europas oft am Uralgebirge und dem Fluss Ural in Russland gezogen.

Europa zergliedert sich zur Zeit in 46 Staaten. Einen aktuellen Überblick über die Staaten Europas und deren Hauptstädte kann man am besten in der Internetenzyklopädie Wikipedia (WIKIPEDIA) finden.

Im Folgenden möchte ich hier näher auf die territoriale Gliederung und die Klimazonen Europas eingehen, da diese Themenbereiche für die dargestellte Unterrichtsstunde am relevantesten sind.

Im Laufe der bewegten politischen Geschichte Europas haben sich die politisch motivierten Gliederungen und Großräume immer wieder verschoben, zum Beispiel mit dem Wegfall der Ostblock-Staaten. Vom heutigen Zustand aus betrachtet, gliedert sich das geografische Europa in sechs Territorien:

1) *Nordeuropa*: Island, Norwegen, Schweden, Finnland, Dänemark
2) *Mitteleuropa*: Deutschland, Polen, Tschechien, Slowakei, Österreich, Schweiz, Liechtenstein
3) *Westeuropa*: Irland, Großbritannien, Niederlande, Belgien, Luxemburg, Frankreich Monaco, Andorra
4) *Osteuropa*: Litauen, Lettland, Estland, Weißrussland, Russland, Ukraine, Moldawien
5) *Südosteuropa*: Ungarn, Rumänien, Bulgarien, Makedonien, Albanien, Serbien, Montenegro, Kroatien, Bosnien- Herzegowina, Slowenien
6) *Südeuropa*: Portugal, Spanien, Italien, Malta, San Marino, Vatikanstadt, Griechenland, Zypern, Türkei

(HEITMANN 2004, S. 44-45)

Als Klima eines geografischen Raumes gelten Windsysteme, Wetterfronten, Niederschläge und Temperaturen im Zusammenspiel (LICHTENBERGER 2005, S.62-65). In den für den Unterricht relevanten Klimadiagrammen werden monatliche Niederschlagsmengen und Durchschnittstemperaturen im Jahresverlauf betrachtet.

LICHTENBERGER führt drei Klimazonen im Nord-Süd-Verlauf auf:

1. die kühlgemäßigte Zone
2. die gemäßigte Zone
3. die mediterrane Zone.

Diese von Norden nach Süden verlaufenden Zonen unterscheiden sich in ihren von Norden nach Süden hin ansteigenden Temperaturen voneinander. Weiterhin differenziert LICHTENBERGER diese Zonen in (hoch)ozeanisch und (sub)kontinental „entsprechend dem nach Osten hin abnehmenden Einfluss der atlantischen Störungen" (S.65), also anhand der durchschnittlichen Niederschlagsmengen (je weiter vom Atlantischen Ozean entfernt, desto trockenere Gebiete) (LICHTENBERGER 2005, S. 65-68).

Durch die gemeinsame Betrachtung beider Faktoren, Temperatur und Niederschlag, ergibt sich eine Einteilung in vier Klimazonen, die bei MÜLLER/ STÄHLE wie folgt benannt werden:

1. kalte Zone
2. kalt gemäßigte Zone
3. kühlgemäßigte Zone
4. Mittelmeerklima

Diese Zonen zeichnen sich durch die folgenden Merkmale hinsichtlich der Temperatur und Niederschläge im Sommer und Winter aus:

Zone	Sommer	Winter
Kalte Zone	Durchschnittstemperatur des wärmsten Monats meist unter 10 °C	lang und kalt
Kaltgemäßigte Zone	Durchschnittstemperatur des wärmsten Monats meist über 10 °C	Durchschnittstemperatur des kältesten Monats selten bei - 10 °C
Kühlgemäßigte Zone	feucht, keine extreme Hitze	mild, feucht
Mittelmeerklima	heiß und trocken	wärmer als in der kühlgemäßigten Zone

(MÜLLER/ STÄHLE 2002, S.24)

Im Unterricht wird diese Tabelle zugrunde gelegt.

Ein *Klimadiagramm* stellt das Klima eines bestimmten Ortes im Jahresverlauf anhand der Merkmale Temperatur und Niederschlag dar. Dazu wird für jeden Monat die durchschnittliche Niederschlagsmenge als blaue Niederschlagssäule eingetragen. Die durchschnittliche Temperatur der einzelnen Monate wird mit einer roten Linie zu einer Temperaturkurve verbunden.

2.3. Sequenzierung der Unterrichtseinheit

Sequenz	Umfang	Thema	Inhalt
1. Sequenz	1 x 45 min	Einführung ins Thema „Die Geografie Europas"	Hier sollte das Vorwissen der Schülerinnen und Schüler bezüglich des Themas Europa aktiviert werden. Die einzelnen Stichpunkte wurden in einer Mind-Map festgehalten. Anschließend wurden erste politische Lagebeziehungen der Staaten anhand einer Atlaskarte und dem Spiel „Ich suche ein Land…" (…dass an den Staat XY grenzt) erarbeitet.
2. Sequenz	2 x 45 min	Die politische und physische Geografie Europas	Hier wurden von der Referendarin drei Lernangebote aus dem thematischen Spektrum Staaten und Hauptstädte, Lage der Staaten in Europa, sowie Phänomene der physischen Geographie Europas (Flüsse, Berge, Meere) aufgebaut. Die Schülerinnen und Schüler hatten die Gelegenheit sich selbständig in Einzel- oder Gruppenarbeit mit einem Angebot ihrer Wahl umfassend zu beschäftigen. Im weiteren Verlauf der Unterrichtseinheit bleiben die Angebote aufgebaut bestehen, so dass die Schülerinnen und Schüler weiterhin die Möglichkeit haben, sich mit einem Thema zu beschäftigen.
3. Sequenz	2 x 45 min	Territoriale Gliederung Europas	Dieses Thema wurde durch die Variation des Spiels „Ich suche ein Land…" (…dass in Nordeuropa liegt) erarbeitet. Im Anschluss wurden die Großräume benannt, die Staaten zugeordnet und abschließend farblich auf einer leeren politischen Übersichtskarte Europas markiert.
4. Sequenz	4 x 45 min	Klimazonen in	Als Einstieg dient ein Informationstext über

		Europa	die Klimazonen Europas. Anhand der vorher erarbeiteten Großräume werden die Klimazonen auf eine Karte eingezeichnet. Im weiteren Verlauf sollen Klimadiagramme von europäischen Städten erlesen und den einzelnen Zonen zugeordnet werden. Der Themenbereich schließt ab mit der Erstellung eines Klimadiagramms anhand vorliegender Daten in Partnerarbeit.
5. Sequenz	4 x 45 min	Referate der Schülerinnen und Schüler zur Landeskunde einzelner selbst gewählter Staaten	Diese Sequenz wird von den Schülerinnen und Schülern gestaltet. Hier sollen sie ihre in selbst gewählten Kleingruppen oder Einzelarbeit vorbereiteten Referate und Plakate zu den selbständig ausgesuchten Staaten und deren Landeskunde vor ihren Mitschülerinnen und Mitschülern vorstellen.

Während der gesamten Unterrichtseinheit dokumentieren die Schülerinnen und Schüler ihre Arbeitsergebnisse in einer Mappe. Dazu gehört auch das selbständige Anfertigen eines Inhaltsverzeichnisses. Die Mappe wird am Ende der Einheit bewertet.

Am Ende der Unterrichtseinheit werden die Lernziele in Form eines Tests überprüft, der alle angesprochenen Themenbereiche der Unterrichtseinheit umfasst, sowie eine abschließende Reflexion der Einheit stattfinden.

2.4. Einordnung der Unterrichtsstunde

Die Unterrichtseinheit „Die Geografie Europas" umfasst 5 Sequenzen mit insgesamt 15 Einzelstunden á 45 Minuten. Bei dieser Unterrichtsstunde handelt es sich um die vierte und abschließende Stunde der 4. Sequenz.

In der vierten Sequenz werden innerhalb von 4 Unterrichtsstunden die Klimazonen Europas erarbeitet. In dieser Unterrichtsstunde kennen die Schülerinnen und Schüler bereits die vier Klimazonen Europas und können sie benennen und schematisch an einer Karte zeigen.

Die Schülerinnen und Schüler haben bereits die Darstellungsweise von Klimadiagrammen kennen gelernt und können aus den Diagrammen Informationen über die Temperatur und den Niederschlag eines Ortes entnehmen. Es wurden bereits erste Übungen gemacht, um die Daten hinsichtlich der Lage in einer bestimmten Klimazone zu interpretieren.

3.   Die Unterrichtsstunde

3.1. Didaktisch- methodische Überlegungen

In den vorangegangenen Stunden zum Themenbereich „Klima" haben die Schülerinnen und Schüler die Klimazonen Europas und ihre speziellen Merkmale kennen gelernt. Sie haben geübt, Informationen aus Klimadiagrammen zu entnehmen und Klimadiagramme zu zeichnen.

In dieser den Themenbereich abschließenden Unterrichtsstunde sollen die Schülerinnen und Schüler die Interpretation der Daten eines Klimadiagramms hinsichtlich der Lage des Ortes in einer speziellen Klimazone einüben. Dazu sollen sie in Partnerarbeit ein Klimadiagramm selbst anhand von vorgegebenen Daten erstellen und schließlich auswerten.

Die Unterrichtsstunde beginnt nach der Begrüßung mit einem informierenden Einstieg, der den Schülerinnen und Schülern den Inhalt und das Ziel der Stunde nahe bringen soll. Dazu entwirft die Referendarin eine Skizze der Stunde an der Tafel. Um sich Ruhe zu verschaffen und den Schülerinnen und Schülern den Beginn des WUK- Unterrichts zu verdeutlichen, benutzt die Referendarin eine Klangschale. Diese wird auch von der Klassenlehrerin verwendet und ist der Klasse in ihrer Bedeutung bekannt.

Zu Beginn der Arbeitsphase schließen sich die Schülerinnen und Schüler, die Tischnachbarn sind, für die Partnerarbeit zusammen.

Diese Partner ziehen einen Papierstreifen, auf dem die Klimadaten aus drei Orten innerhalb eines europäischen Großraums angegeben sind. Jede Gruppe wählt selbst einen der Orte verdeckt aus. Anhand der Informationen bezüglich der Temperaturen und Niederschläge im Jahresverlauf an diesem Ort sollen die Schülerinnen und Schüler ein Klimadiagramm in Form eines Stecknadeldiagramms anfertigen. Dazu erhalten sie einen Arbeitsauftrag, auf dem die benötigten Materialien sowie die erforderlichen Arbeitsschritte angegeben sind. Im weiteren Verlauf der Arbeitsphase arbeiten die Schülerinnen und Schüler selbständig an ihrer Aufgabe.

Das Diagramm wird auf einem Arbeitsblatt angefertigt, in dem die Niederschlagssäulen aus blauem Tonpapier im richtigen Maßstab ausgeschnitten und aufgeklebt werden. Die Temperaturen werden mit Pin-Nadeln durch das Arbeitsblatt in eine Styropor-Unterlage abgesteckt und mit einem roten Wollfaden zu einer Temperaturkurve verbunden.

Die Materialien (blaues Tonpapier, Pin-Nadeln, rote Wolle, Styroporplatte) werden von der Referendarin zentral zur Verfügung gestellt und müssen von den Schülerinnen und Schülern selbst beschafft werden. Das blaue Tonpapier wird benötigt, um die Niederschlagssäulen darzustellen. Um diesen Vorgang zu vereinfachen, ist ein zum Arbeitsblatt passendes Raster auf dem Tonpapier vorgedruckt.

Nach der Anfertigung des Klimadiagramms beschriften die Schülerinnen und Schüler einen blanko Papierstreifen mit dem Namen des Ortes und des Territoriums, in dem der Ort liegt, und legen diesen Kontrollstreifen verdeckt neben ihr Diagramm auf den Tisch.
An die Arbeitsphase schließt die Präsentationsphase an. Nachdem alle Klimadiagramme und Kontrollstreifen auf den Tischen der Gruppen platziert worden sind, rotieren die Partner im Uhrzeigersinn zu den Klimadiagrammen der anderen Gruppen. Die Schülerinnen und Schüler sollen sich dabei die Arbeitsergebnisse ihrer Mitschülerinnen und Mitschüler anschauen und versuchen zu ermitteln, in welcher Klimazone der dort dargestellte Ort liegt. Die beiliegenden Papierstreifen dienen dabei als Selbstkontrolle.

Nachdem alle Klimadiagramme betrachten worden sind, wird am Ende der Stunde ein stehender Halbkreis vor der Tafel gebildet. Einige Gruppen haben jetzt die Gelegenheit ihr Klimadiagramm an der Tafel aufzustellen und von den Mitschülerinnen und Mitschülern noch einmal nach der Lage innerhalb einer Klimazone interpretieren zu lassen. Dabei sollen die Mutmaßungen über die Klimazone anhand der Merkmale der einzelnen Zonen begründet werden.
Die Unterrichtsstunde schließt mit der Verabschiedung durch die Referendarin ab.

3.2. Lernziele

3.2.1. Inhaltsziele

1) Die Schülerinnen und Schüler kennen den Aufbau eines Klimadiagramms.

2) Die Schülerinnen und Schüler entnehmen einem Klimadiagramm Informationen.

3) Die Schülerinnen und Schüler interpretieren die Daten eines Klimadiagramms hinsichtlich der Lage des Ortes in einer bestimmten Klimazone.

3.2.2. Verfahrensziele

1) Die Schülerinnen und Schüler beschaffen sich selbständig die benötigten Materialen.

2) Die Schülerinnen und Schüler entnehmen der Klimatabelle die benötigten Daten.

3) Die Schülerinnen und Schüler erstellen ein Klimadiagramm anhand von vorgegebenen Daten.

3.2.3. Prozessziele

1) Die Schülerinnen und Schüler wählen in Zusammenarbeit mit dem Partner eine Klimatabelle aus.

2) Die Schülerinnen und Schüler setzten sich wertfrei mit den Arbeitsergebnissen ihrer Mitschülerinnen und Mitschüler auseinander.

3) Die Schülerinnen und Schüler stellen Vermutungen an und begründen diese.

3.3 Tabellarische Verlaufsplanung

Phase/ Zeit	Geplante Unterrichtsaktivitäten	Didaktischer Kommentar	Material/ Medien
Einstieg 5 min	Begrüßung Informierender Einstieg	Transparenz über Inhalt und Ziel der Stunde: Stundenskizze an Tafel	Klangschale Tafel
Arbeitsphase 25 min	- Auslosung der Klimazonen (Datenblatt) - Partner wählen einen Ort ihrer Zone aus - Partner lesen Arbeitsauftrag und beschaffen sich das benötigte Material - Partner fertigen ein Klimadiagramm ihres Ortes als Stecknadeldiagramm an - Partner schreiben den Namen ihres Ortes und der zugehörigen Klimazone auf einen Papierstreifen und legen ihn verdeckt neben ihr Diagramm	Partnerarbeit I 1,2; V 1,2,3; P 1	Datenblatt (Klimatabellen) Arbeitsauftrag Blaues Tonpapier, Pin-Nadeln, rote Wolle, Styroporplatte, Arbeitsblatt, Schere, Klebstoff Stifte, Papierstreifen
Präsentationsphase 10 min	- Partner rotieren zu den Diagrammen der anderen Schülerinnen und Schüler und versuchen, die Diagramme zu interpretieren	Selbstkontrolle durch Papierstreifen I 1,2,3; P 2	Stecknadeldiagramme Papierstreifen
Schluss 5 min	Einige Partner stellen ihr Diagramm vor und lassen es interpretieren.	Steh-Halbkreis I 1,2,3; P 2,3	Stecknadeldiagramme

4. Literatur

DER SENATOR FÜR BILDUNG UND WISSENSCHAFT: Welt- Umweltkunde. Geschichte, Geografie, Politik. Bildungsplan für die Gesamtschule. Jahrgangsstufe 5 – 10. Bremen, 2006.

HEITMANN, FRIEDHELM: Unterwegs in Europa. Materialien für den handlungsorientierten Erdkundeunterricht. Bergedorfer Unterrichtsideen. Horneburg: Persen Verlag, 2004.

LICHTENBERGER, ELISABETH: Europa. Geographie, Geschichte, Wirtschaft, Politik. Darmstadt: Primus Verlag, 2005.

MÜLLER, SONJA/ STÄHLE, WIEBKE: Europa entdecken. Lernen an Stationen in der Sekundarstufe 1: Kopien und Materialien. Berlin: Cornelsen Scriptor, 2002.